走进奇妙的几何世界

奔跑的球

[英] 格里·贝利　[英] 费利西娅·劳 著
[英] 迈克·菲利普斯 绘　李耘 译

北京联合出版公司
Beijing United Publishing Co.,Ltd.

跟着雷奥学几何

雷奥生活在距今 30000 年前的旧石器时代，是当时最聪明的孩子。

这就是雷奥！

高智商，创造力堪比达·芬奇，还远远、远远走在时代前沿……

这是兔狲帕拉斯——雷奥的宠物。

帕拉斯是野生猫类，说他是旧石器时代的也没错，他的祖先可以追溯到好几百万年前，可比雷奥的祖先出现得早多了！现在已经很少能看到兔狲了，除非你去西伯利亚北部（俄罗斯的最北边）冰冻、寒冷的荒原。

在俄罗斯北部偏僻的高原地带仍然可以看到兔狲。

目录

照片引用:

封面 Dimitri Melnik

扉页 Dimitri Melnik

P. 2 Gerard Lacz images / Superstock

P. 3 David M. Schrader

P. 5 (左上)Kitch Bain (右上)Vitaly Korovin (左下)
Le Do (右下)Volodymyr Krasyuk

P. 7 (上)Four Oaks (左下)Derick W. Blake (右下)
Peter Elvidge / Shutterstock.com

P. 9 (上)Roland Spiegler (中)orxy (左下)SashaS
(中下)Kasia (右下)Kallash K Soni

P. 11 (上)Panos Karapanagiotis (左下)Johnbod-en.
wikipedia.org (右下)Robert Huggett-it.Wikipedia.org

P. 13 (上)Brad Wynnyk (中)Stephen Coburn (下)
Oleg_Mit

P. 15 (左上)marcovarro (右上)Dimitri Melnik (左下)
schankz

P. 17 (左)Vividz Foto (右)totophotos

P. 19 (左上)Aspect3D (右上)Ali Ender Birer (左下)
PRIMA (右下)Konstantin Sutyagin

P. 21 (上)ekawatchaow (左中)Vtfls (右中)SeanPav-
onePhoto

P. 23 (上)David Harber www.davidharber.com (左下)
Zinaida (右下)Nattika

P. 25 (上图从左到右)titelio, Leo, valzan, rangizzz (下)
Christie's Images Ltd. / Superstock

P. 26 (顺时针方向)Vaclav Volrab, Sophie Bengtsson,
valzan, godrick, Anrey

P. 27 (顺时针方向)Evgeniapp, WimL, Kuzmin Andrey,
mmmx, concept w

P.29 (从左到右)Gencho Petkov, vetkit, maxim ibragimov,
Harmonia, DeAgostini / Superstock

P.31 (左上)Klettr (右上)vadim kozlovsky (左中)
Stephen Gibson (右中)photosync (下)Astronoman

除特别注明外，所有照片都来源于 Shutterstock.com

踢足球

"今天放假。"雷奥说。

"放不放假有什么区别？"帕拉斯问。

"放假就不用研究数学和搞发明了，也不用学习了，"雷奥说，"我们踢足球吧。"

帕拉斯心想踢足球还不错，比研究数学好玩多了。

研究数学时，雷奥总是把自己不愿意干的活儿塞给他干，比如飞行器试飞、拖雪橇。

帕拉斯守门。

雷奥一脚把球踢进网中。

"进球！"他大叫，"帕拉斯，你得加把劲儿，把球门守住。"

帕拉斯很努力。

"进球！"雷奥又叫起来。

球体是什么？

球体是一个浑圆的立体图形。

立体图形就是三维图形，或者叫作 3D 图形。

球体的表面是一个连续的曲面。

球就是一个球体。

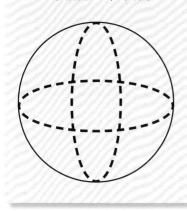

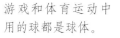
游戏和体育运动中
用的球都是球体。

不同的维度

一维（1D）图形就是直线，只有长度。

二维（2D）图形有长度和宽度。长方形就是一种二维图形。

三维（3D）图形有长度、宽度和高度，是立体图形。

很多水果和蔬菜也可看作球体。

滚雪球

"帮我做个脑袋。"雷奥说。

"脑袋？"帕拉斯问。

"雪人脑袋，"雷奥说，"你看，把一个小雪球放在雪地上滚啊滚，雪会粘在上面，雪球越滚越大，最后就变成大雪球了，非常简单。不过，我需要一个特别大的脑袋。"

"好吧，"帕拉斯说，"既然你说得这么容易。"

帕拉斯把雪拍成圆球的形状，做出一个小雪球，然后把它放在雪地上，开始小心地滚起来。

他滚啊滚啊……

雷奥终于做完了雪人的身体。

他看看四周，没看到帕拉斯，喊道："帕拉斯，雪人脑袋做好了没有？"

帕拉斯没有应声，雪人的脑袋也不见踪影。

但是，在山脚下，有一个巨大的"雪球"……

球体的滚动

你很难拖动放在地上的重物。因为物体表面会跟粗糙的地面相互摩擦，产生摩擦力。

摩擦力会阻碍物体的滑动。不过，如果物体表面比较光滑，摩擦力就会小一些，移动起来就比较容易。如果物体跟地面的接解面非常小，近似于一个点，那就更容易移动了。

球体表面很光滑，而且只有一点跟地面接触。

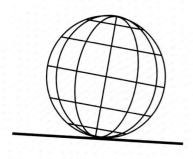

这就是为什么球体能在地面上自如滚动。

屏壳郎滚动的粪球是它们自身体积的几倍大。

滚粪球的屏壳郎

屏壳郎以动物的粪为食，它们靠灵敏的嗅觉找到粪，然后将粪滚成球，并将粪球沿直线向前推行。有时粪球还会被别的屏壳郎偷去，因此它们的行动必须得快！

屏壳郎能滚动重于它体重十倍的粪球。这听起来已经很厉害了，但还有一种屏壳郎能滚动自身体重 1141 倍的粪球，这就相当于一个普通人推着六辆坐满了乘客的双层巴士！

滚球游戏中，选手要比赛谁能将球滚到更接近目标球的地方。

7

一层又一层

"你为什么要磨那块石头？"帕拉斯问。

"我要把它磨光，"雷奥说，"我越磨，它就越光。你也来帮帮忙。"

雷奥和帕拉斯一起磨起石头来。

他们要把石头上所有粗糙的地方都磨平，这真是一件耗时又费力的工作。

"我们要磨多久啊？"帕拉斯问。

"差不多一百万年吧，"雷奥说，"大部分石头都要花这么长的时间才能变得光滑。这块石头也是在年复一年的风吹雨打下变光滑的。"

"所以这块石头以前更大？"帕拉斯问。

"对啊，"雷奥说，"而且，如果我们一直磨下去，它最终会变成一粒沙子那么大。"

"我该走了！"帕拉斯说，"我很想留下来帮忙，但突然想起来还有事要做……"

侵蚀

摩擦可以改变物体的形状，能将石块的棱角磨平，使它变得光滑。这个过程也被称为侵蚀。

雨水、风或海水的长期持续作用，都会使物体受到侵蚀。即使是在大气中运行的物体，也会与空气发生摩擦，被缓慢地侵蚀。大多数情况下，侵蚀会使物体变成光滑的球体。

新西兰的摩拉基大圆石就是一些巨大的球形石块。很多大圆石的直径超过两米，可以说是几近完美的球体。它们是在长年的海浪侵蚀下形成的。

在风和尘土的作用下，一块岩石变成了球体。

洋葱是一层一层生长的球形蔬菜，实际上每一层都是包着胚芽的一片叶子。把洋葱切成两半，就能观察到它是如何长成球形的。

牡蛎壳里形成的珍珠

珍珠

有一种动物会进行跟侵蚀相反的活动，用一层又一层的分泌物包裹住侵入物。小的侵入物或寄生物进入贝类动物的壳内并在其中定居时，会刺激壳内部平滑的内膜。为了消除这种刺激，贝类动物会分泌出一种特别的物质，包在"闯入者"的表面。"闯入者"就像这样在一层一层的包裹下，最终形成了珍珠。

9

古老的球体

"又是一个球？"帕拉斯说，"你要拿这个球做什么？"

"我们要用这个做权杖①头，今晚的仪式上要用。既然你在这儿，就去把那块火石②拿过来，帮我刻石头吧。"雷奥说。

雷奥教帕拉斯怎么削刻石头，最后，刻好的石头表面布满了凸起。
帕拉斯问道："什么仪式上需要这样的权杖头？"

"狩猎仪式，"雷奥说，"这个用来做权杖的石球是个圣球，会留在村子里。然后我们还会做很多石球用来打猎。你看，石球从弹弓上发射出去，被它们打中的话会很疼的。"

"我是听到'打猎'了吗？"帕拉斯说，"还'很疼'？真是这样的话，我得走了！"
"你去哪儿？"雷奥问。
"去找块火石，把我的牙齿和爪子都磨得尖尖的。"帕拉斯说。

①象征王权和皇权的用具，有不同的样式，材质有木质、金质、青铜和玉石等。
②火石是一种非常坚硬的黑色石头，曾被早期人类用于打造石器。

哥斯达黎加的石球

这些令人惊叹的石球是在哥斯达黎加的不同地方发现的，有三百多个，当地人称之为"圆球"。人们认为这些石球是一个名为迪奎斯的远古部落雕刻的，因此这些圆球也被叫作迪奎斯圆球。

雕刻的球体

人们在苏格兰发现了数百个雕刻成球形的石头，直径大概是 7 厘米。这些石球大约有两千年的历史了，很多石球上面都有凸起。没有人确切知道这些石球是干什么的，也许是武器，也许是部落首领在仪式上使用的权杖的一部分。

哥斯达黎加的石球

这个上面布满凸起的石球保存在伦敦的大英博物馆中。

克莱克斯多普球是南非矿工从一块约有 38 亿年历史的沉积岩上发现的，它们是在热力和侵蚀等作用下自然形成的。

11

投掷圆球

"看！"雷奥说，"怎么样？这是我最新的发明，大型投掷器。"

"你要投什么呢？"帕拉斯问，"肯定是个很大的东西吧。"

"对啦！"雷奥说，"就是你！"

"呃……"帕拉斯说，"那你打算投多远？还有，我会在什么地方着陆？"

"这是个试验，"雷奥说，"所以我也不知道答案，不过我会知道的——等试验结束之后。"

"我觉得吧，"帕拉斯建议，"用别的东西来试验更好，比如那块大石头。"

"那块石头太重，投不了太远。"雷奥说。

"可是石头不会嚷嚷'疼'，也不会大惊小怪啊。"帕拉斯说。

抛物线

球体被抛到空中时，会沿着先升后降的轨迹运动。这条轨迹叫作抛物线。

球体到达曲线的最高点时会开始下降。抛物线的最高点叫作顶点。

顶点位于球体运动的出发点（A）和降落点（B）的中间（在不考虑空气等阻力的情况下）。

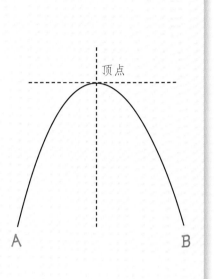

顶点

A   B

当你扔出一个球，它总会沿着抛物线运动。

投石器和加农炮

在古代，投石器是一种很有威力的武器。人们可以用它向敌人的城堡投掷巨石，摧毁城堡。所以，了解巨石的重量、投石器的射程以及巨石着陆时的力量大小，非常重要。

加农炮发射的巨型弹球也会造成类似的损害。弹球由石头或铁做成。

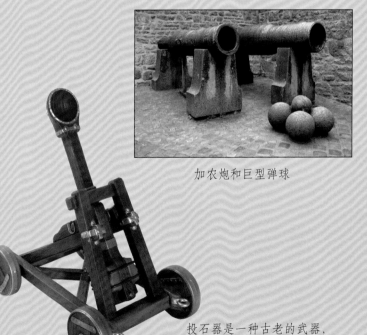

加农炮和巨型弹球

投石器是一种古老的武器，可以用来向敌人投掷巨石。

13

四面八方

雷奥在吹蒲公英的种子。

"为什么？"帕拉斯问，"你为什么要吹蒲公英？"

"这里头也有数学学问哦！"雷奥说，"看这些种子，它们在茎上聚成球状，是因为它们时刻准备着飞走，飞向四面八方。"

"哇！"帕拉斯说，"就像种子大爆炸。"

"就是这个意思！"雷奥说，"如果它们都往一个方向飞，就会降落在同一片区域，互相争夺一小块土地。而像这样朝着四面八方飞，它们就会在不同的地方降落，拥有各自的生长空间。"

蒲公英的果实呈球状，能够最大限度地让种子散播到广阔的区域中去。

球形的泡泡

肥皂泡是一层肥皂水薄膜，你看到的大部分泡泡里都充满了空气。

肥皂泡的薄膜完全封闭，有三层，两层肥皂分子夹着薄薄的水分子层。肥皂分子总是趋向水分子，因此它们会向内或者向外推挤，从而形成球形的薄膜。

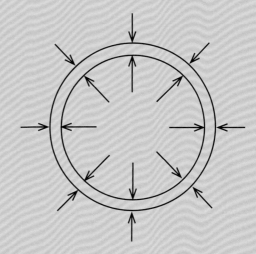

肥皂分子作用力示意图

同时，泡泡内部的空气也从四面八方向外施压，也有助于形成球形。

不管开始的时候泡泡是什么形状，最后它都会变成球形。

水沸腾后出现泡泡。

肥皂泡

15

气球

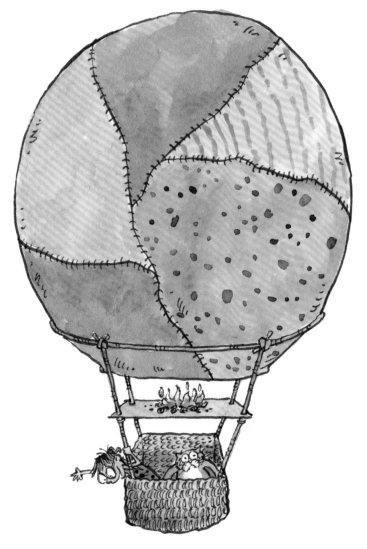

"好啦好啦!"雷奥说,"抓住吊篮,你一定不想掉出去吧!"

帕拉斯当然不想掉出去,他们乘坐的热气球渐渐离开地面……

火将空气加热,热空气会上升进入圆形的兽皮气球里……

这样,这个大家伙就把他们带到了天上。

"别担心!"雷奥说,"只要我们保证这个兽皮气球里有热空气,它就会一直往上升。热空气比冷空气轻,所以兽皮气球会升高。"

兽皮气球的确充满了热空气,在不断升高,成了一个飘浮在空中的巨大的球体。风把兽皮气球吹到这儿,又吹到那儿。

帕拉斯感觉不太好。
"我们能下去了吗?"他问。

"好吧,"雷奥说,"希望我还记得该怎么做……"

氦气可以让气球飞起来，因为氦气比较轻，而周围的空气比较重。

农场飞行

你相信吗？最早乘坐热气球飞行的竟然是一只羊、一只鸭子和一只公鸡。一对法国兄弟雅克和约瑟夫·蒙高尔费，发明了一种以烟和热力为动力的飞行器。1783 年 9 月 19 日，他们放飞了一个用纸和布做的气球，以干草、柴和干燥的马粪为燃料，这能为气球飞行提供足够的热力，同时，柴和马粪冒出的浓烟能压低火焰，防止气球着火。

两兄弟太紧张了，不敢亲自去试乘他们的发明，于是挑选了几只农场里的动物去乘坐热气球，看看到底会发生什么。气球升空了，并且在八分钟后安全降落。几个月之后，两兄弟演示了首次载人飞行。

地球

"你知道的最大的球体是什么？"帕拉斯问。

"就是我们坐着的这个啊！"雷奥说，"嗯,可能还有更大的！不过，这也是我知道的最大的了。"

"你是说我们坐在一个大圆球上？"

"是的，"雷奥说，"是个在宇宙中一直转动的大圆球。"

"哇！"帕拉斯叫起来，"快把我抓住，要不我会滑下去。"

"你不会的！"雷奥说，"引力会把你吸在地面上，这种力能把地球上所有的东西都吸在地面上。我们不会滑下去的，我向你保证。"

"不过，我还是想用力抓住点儿什么。"帕拉斯说。

球体框架

一个球体框架看起来就像这个样子。

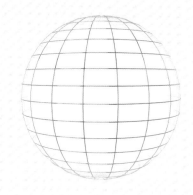

许多条曲线连接起球体的顶部和底部。

环绕球体的曲线中，最长的一条绕过球体最宽的部分，位于球体的中部。

越靠近顶部或底部，曲线就越短。

从宇宙中看，地球的形状是一个近乎完美的球体。

经度和纬度

我们利用假想的横向及纵向环绕地球的线来测量地球的大小。

其中环绕在地球中部的那条最重要的线，叫作赤道，纬度为0°。其他纬线的度数在0°～90°之间。纬度表示物体在地球的南北方向上的位置。

经线从北极到达南极。经度表示物体在地球的东西方向上的位置。

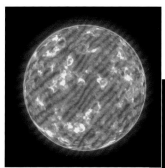

太阳和月亮的形状都近乎球体。

半球体

"那是什么？"帕拉斯问。
"不知道！"雷奥说，"快看，它在动。"

那东西慢慢爬过来，越来越大。
"是个大大的圆壳，还长了脚。"雷奥说。

"我要撤了，"帕拉斯说，"背上背个大硬壳，真够强壮的，它会不会咬人啊？"

"我觉得它挺友好的。"雷奥说。

是的！
雷奥爬到了它的背上。
"来啊，帕拉斯，"他叫道，"一起来玩儿。"

大龟看着帕拉斯，帕拉斯看着大龟。
如果帕拉斯也有个保护壳的话，他会感觉安全点儿。

有些乌龟壳的形状接近完美的半球体。

半个苹果也是半球体。

对称的球体

　　球体是对称的。它不管往哪个方向转，看起来都是一样的。如果从中间把它切成两半，两个部分总是完全一样。

　　圆顶清真寺坐落在耶路撒冷。清真寺巨大的金色圆顶上覆盖着金箔，是一道壮丽的景观。

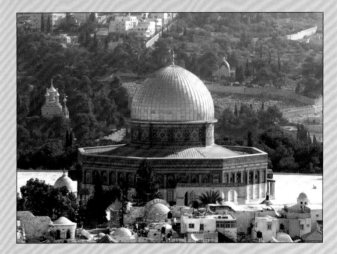

从耶路撒冷的各处都能看到圆顶清真寺。

半球体

　　穿过球心把球体切成两半，就得到了半球体。

　　球体被切成两半后的截面是一个完美的圆形。

　　球体的半径是从球心到截面圆周的距离。

球体的半径

球心

球体的圆周

分橘子

"吃瓣橘子吧,帕拉斯。"雷奥说。
"不了,谢谢啊!"帕拉斯回答道,"猫不吃橘子。"

"真可惜,"雷奥说,"橘子里面是满满的维生素。"
"老鼠也有维生素。"帕拉斯说。

"好吧。今晚的部落足球赛上我打算给大家分橘子,不过这个橘子只有十瓣,球员有十一个,我还少一瓣。"

"要不你找只猫来做球员,"帕拉斯建议,"那样橘子就够了。"

"太好了!"雷奥说,"今天晚上你也来踢球,这样我的橘子就够分了。"

球体的部分

我们可以通过球心，从球体上切下一部分。

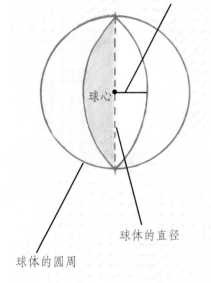

球体的半径

球心

球体的直径

球体的圆周

我们从中可以看到三个量度：半径、直径和圆周。

这个球形雕塑是由英国雕塑家大卫·哈勃创作的户外艺术品。这个球体的一部分被切走了。

一块西瓜

橘子可以自然地分成几个部分。

压扁的球

"就是这个！"雷奥说，"被你弄坏了！"
"我只不过坐了一下。"帕拉斯说。

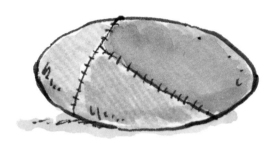

"你把它压扁了，"雷奥说，"它本来是个完美的球体。"

"我们还是可以玩的嘛。"帕拉斯说。

"不能，"雷奥说，"这个球现在不能滚了。我们怎么玩一个不能滚的球呢？"

"嗯，我们可以拿着它跑，"帕拉斯说，"看，我把它捡起来，然后开始跑，就像这样。"
"哦，不行，你不能，"雷奥说，"那是我的球。嘿！放下！"

他扑向帕拉斯，两个人扭打起来。
他们在球场上滚来滚去。
"拿到了！"雷奥喊道，"现在我要开始带球跑了，你追上我才能把球抢回去！"

"太好玩了！"帕拉斯说。

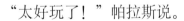

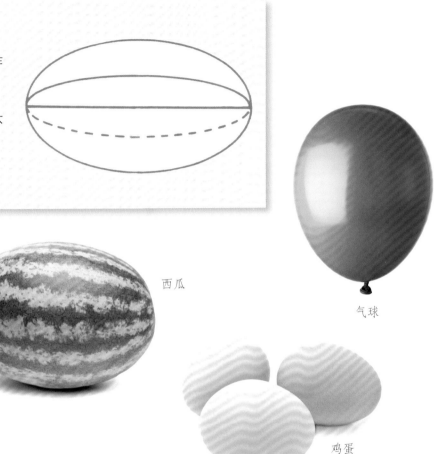

椭球体

一个被"压扁"的球体叫作椭球体。

它的形状很像球体，但并不是浑圆的。

西瓜

气球

橄榄球

鸡蛋

地球不是圆的

地球并不是浑圆的。它可能从太空中看起来是圆的，但实际上是一个"崎岖不平"的椭球体。

生活在两百多年前的英国数学家和天文学家艾萨克·牛顿第一个提出：地球并不是浑圆的，而是"扁圆"的——球体两极被压扁，赤道处膨胀。事实证明牛顿是对的，地球中部的周长比通过两极的周长长约 21 千米。

艾萨克·牛顿生活在十七世纪中期到十八世纪早期的英国。

我们身边的球体

我们身边到处都是球形的物体，而且它们往往都很美，比如晶莹的雨滴、鲜艳的莓果，还有一些花朵。此外，很多容器也是球形的。

画家和雕塑家也很喜欢球体这种形状。

当然了，我们在很多体育运动和游戏中也会用到球体。

水滴是球形的。

球形的种子会滚得更远，更容易传播。

成熟的莓果会吸引鸟儿，被鸟儿吃进肚子里的种子会随着鸟儿的粪便排出并散播。

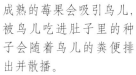

豆荚里的豆子舒适地挨在一起。

球状果实会向四面八方散播种子。

这座雕塑位于梵蒂冈。

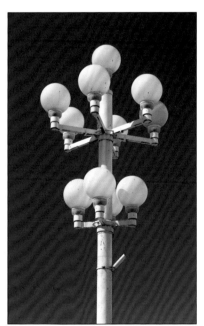

灯泡一般用球形的玻璃外罩保护起来。

发电厂的气罐是一个巨大的球体。

网球

小猫也很喜欢玩球。

圆柱体

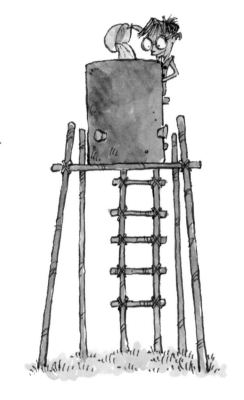

"那不是一个球体。"帕拉斯说。

"我知道,"雷奥说,"我需要一个又圆又高的东西,上面可以盖个盖子——球体可做不到。所以我用了圆柱体。"

"什么?"帕拉斯问。

"一个水箱!"雷奥说,"把里面装满水,再盖上盖子,就可以保持水的清洁了,而且还可以把水再放出来。"

"怎么放水?"帕拉斯问,"为什么要放水?"

"站在这儿!"雷奥说。

他把圆柱体上的塞子拔出来,水就从洞里流了出来。

"哎呀!"帕拉斯叫起来,"我都湿透了!"

"我们在洗澡啊。"雷奥说。

"我是一只猫!"帕拉斯边说边离水远远的,"要洗澡的话,我有我那完美的舌头。"

圆柱体

圆柱体也是一种三维图形，或者说是立体图形。

圆柱体由侧面和两头的圆形底面组成。

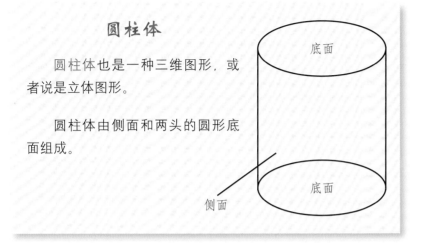

圆柱体有各种形状和大小，常被用作容器。

气罐　　瓶子　　电池　　罐头

管子

管子是一个长长的中空的圆柱体，里面有空气或液体。管子有侧面，但没有底面。

管子可以让水从一个地方流到另一个地方。

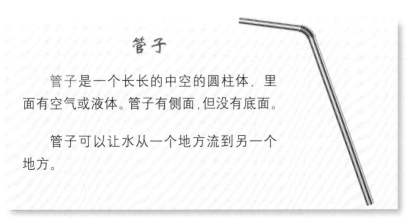

柱形印章

柱形印章是圆柱体，表面有的刻着图画故事，有的刻着小鸟等动物，还有的刻着人们劳动的场景。古代美索不达米亚的人们使用这样的印章，甚至把它们当作有魔力的东西。柱形印章也被用来给邮件封缄，或者盖在黏土制作的文件上，以证明其真实性。

右图中的柱形印章在黏土上滚动后印下的图案如下。

弯曲的螺旋

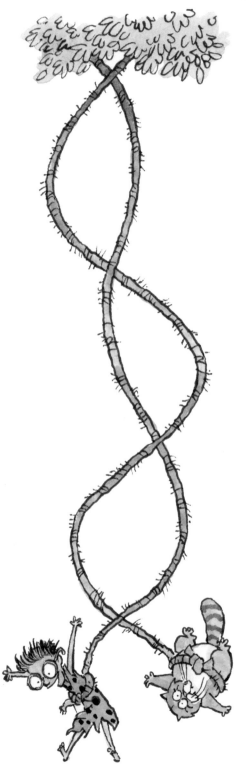

"呀——"雷奥在尖叫。

"呀——"帕拉斯也在尖叫。

他们俩从树上旋转着落下来，打着圈儿，就像在蹦极。

在这之前，他们发现树的高处有两条长长的藤蔓，然后雷奥就想出了这个主意。

"把藤蔓的一头绑在腰上，"他告诉帕拉斯，"然后从树枝上跳下去，你就会一直打转。"

"我头晕！"帕拉斯抱怨着。

"那才好玩呢！"雷奥说，"现在藤蔓是朝着这个方向绕的，待会儿你跳下去的时候，藤蔓就会朝着另一个方向展开。"

"跳下去？"帕拉斯看着下面说，"没人告诉我要跳下去啊！"

"不跳的话，缠绕的藤蔓怎么能打开啊？"雷奥说，"现在就跳！"

螺旋线

螺旋线有二维的，也有三维的。三维的螺旋线有长度、宽度和高度。

螺旋线是一种卷曲环绕的形状。

蜗牛的壳是螺旋形的。

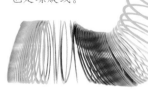

弹簧玩具的基本形状也是螺旋线。

光线旋转形成的图形是螺旋线。

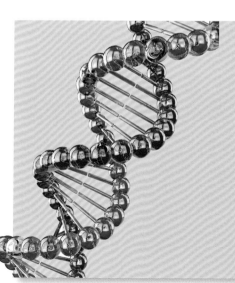

你的螺旋线

每个人都有一组特别的指令来指挥身体中细胞的运作，这一套指令是一种代码。

这个代码存在于细胞中一种叫脱氧核糖核酸（DNA）的物质中。DNA 太小了，必须在超级显微镜下才能看到。DNA 是双螺旋结构的，看起来就像拧在一起的两条螺旋线。

术语

球体是一个浑圆的三维图形，是立体的。

当球体被扔向空中时，它会沿着先向上后向下的轨迹运动，这条轨迹被称为抛物线。

半球体就是球体的一半。

螺旋线是一种卷曲环绕的形状。

"被压扁"的球体叫椭球体。

圆柱体由侧面和两头的圆形底面组成，是三维的，或者说是立体的。

索引